F. Sturm

Orientierung des Menschen in der Natur

GRIN Verlag

Bibliografische Information der Deutschen Nationalbibliothek:

Die Deutsche Bibliothek verzeichnet diese Publikation in der Deutschen National-
bibliografie; detaillierte bibliografische Daten sind im Internet über http://dnb.d-
nb.de/ abrufbar.

Impressum:

Copyright © 2013 GRIN Verlag GmbH
Druck und Bindung: Books on Demand GmbH, Norderstedt Germany
ISBN: 978-3-656-60029-9

Dieses Buch bei GRIN:

http://www.grin.com/de/e-book/268470/orientierung-des-menschen-in-der-natur

Franz-Marc-Gymnasium Markt Schwaben   Abitur 2014

**Seminararbeit
im W-Seminar Navigation:**

Orientierung des Menschen in der Natur

Abgabetermin:12.11.2013

Inhaltsverzeichnis

Wissenschaftliche Untersuchungen zur menschlichen Orientierung

Im Sommer 2009 hat das Max-Planck-Institut für biologische Kybernetik in Tübingen eine Untersuchung zur menschlichen Orientierung durchgeführt. Die Teilnehmer mussten sich in einer Wüste und in einem Wald zurechtfinden. Sie sollten einen geraden Weg zu ihrem Ziel laufen. Die Sonne bzw. der Mond waren nicht durchgehend sichtbar. Der Versuch lieferte folgende Ergebnisse: Die ausgesuchten Personen liefen im Kreis und kreuzten sogar mehrmals dieselbe Stelle. Sobald der Mond bzw. die Sonne verschwunden waren, wurde ihre Orientierungslosigkeit noch deutlicher. Diejenigen, die das Wissen hatten, sich an Himmelskörpern zu orientieren, gelangten fast ohne Abweichungen an ihr Ziel. Ein Forscher erklärte sich das folgendermaßen: „Wir können den Sinneseindrücken aus Augen, Ohren und Gleichgewichtsorganen nicht bedingungslos vertrauen. Vielmehr nutzen wir zusätzliche äußere Orientierungshilfen wie Berge, Sonne oder Gebäude, mit denen unsere Wahrnehmung abgeglichen und gegebenenfalls korrigiert wird."[1]Es ist für einen Menschen mit verbundenen Augen, also ohne Orientierungshilfen, nicht möglich mehr als 20 m geradeaus zu gehen.

Dieses Experiment soll zeigen, dass es sinnvoll ist in manchen Situationen, sich an Naturbegebenheiten orientieren zu können. Welche Möglichkeiten es gibt und wie man sie anwendet, möchte ich in meiner Seminararbeit in Kapitel 2-4 erläutern, diese beziehen sich aber nur auf die nördliche Hemisphäre. Die Methoden der Sonnen- und Mondorientierung sind nur zur vollen Stunde anwendbar, da die Ergebnisse sonst zu ungenau werden. [2, 3]

---

[1] SPIEGEL ONLINE, Orientierungsvermögen, Verirrte laufen immer im Kreis, 14.10.2013
[2] vgl.: SPIEGEL ONLINE, Orientierungsvermögen, Verirrte laufen immer im Kreis, 14.10.2013
[3] vgl.: scinexx, Warum wir im Kreis laufen, 14.10.2013

1. Allgemeines zur natürlichen Navigation

1.1 Definition

Die natürliche Orientierung des Menschen – Orientierung ohne technische Hilfsmittel – ist die Fähigkeit mit den natürlichen Begebenheiten, wie Himmelskörpern, Bäumen, Pflanzen, Korrosionen durch das Wetter oder Landmarkierungen, sich unter freiem Himmel zu Recht zu finden und somit durch Bestimmung der Himmelsrichtungen ans Ziel zu gelangen. Für diese Fähigkeit ist es zum einen notwendig, dass all unsere Sinne zusammenspielen, aber zum anderen ist die natürliche Orientierung auch durch Denken, Vorstellungen und Erfahrungen geprägt. Wenn wir von A nach B kommen möchten, suchen wir uns Landmarken, wie Wege, Gewässer, Pflanzen, Gebäude, aber auch Geräusche oder Gerüche sind nützlich um uns selbst zu navigieren.[1, 2]

1.2 Geschlechts- und kulturspezifische Unterschiede

Anhand von Untersuchungen hat man feststellen können, dass die Orientierungsfähigkeit von Männern besser ist, als die von Frauen. Der Unterschied der beiden Geschlechter ist, dass Männer sich vor allem an Himmelsrichtungen und Entfernungen orientieren, wobei das weibliche Geschlecht eher in Zusammenhängen denkt und sich somit Wegmarken leichter merkt. Dass Männer sich besser orientieren können, liegt einerseits an der unterschiedlichen Gehirnstruktur und an deren Strategien, andererseits aber auch an der menschlichen Geschichte. Der Grund dafür ist, dass Frauen früher nur für die Kindererziehung und Hausarbeit zuständig waren und die Männer jagen und arbeiten gingen. Es gibt aber auch kulturspezifische Unterschiede im natürlichenOrientierungssinn. Europäer beschreiben einen Weg, indem sie die Gegensätze links und rechts, vor und hinter oder über und unter verwenden.

---

[1] vgl.: Wikipedia, Räumliche Orientierung, 06.09.2013
[2] vgl.: Gooley, Der natürliche Kompass, S.14

Afrikanische Nomaden undUreinwohner sprechen bei Wegbeschreibungen von nördlich, südlich, östlich und westlich.Muslime orientieren sich hingegen an Mekka. Die Orientierung, sowohl die natürliche, als auch die räumliche entwickelt sich schon im Kindesalter. Man hat festgestellt, dass Erwachsene, die als Kind oft mit dem Auto herumgefahren worden sind und nie auf sich allein gestellt waren, einen schlechteren Orientierungssinn haben als Naturvölker oder Kinder, die mit der Natur aufgewachsen sind.[1, 2]

---

[1] vgl.: Wikipedia, Räumliche Orientierung, 06.09.2013
[2] vgl.: znex, Ein paar Gedanken und Bemerkungen zum Thema: Orientierung, 06.09.2013

2. Orientierung anhand von Himmelskörpern

2.1 Orientierung an Sternen

2.1.1 Orientierung an dem Polarstern

Die Sterne können eine sehr große Hilfe für den natürlichen Kompass sein. Viele Orientierungshilfen richten sich nach dem Polarstern aus, der zufällig genau im Norden liegt(mit einer kleinen Abweichung von bis zu 1°), aber nicht wie so oft gemeint der hellste Stern am Himmel ist. Er wird auch Polaris oder Nordstern genannt. Dieser befindet sich im schwer zu erkennenden Sternbild Kleiner Wagen. Der Nordstern ist ein fixer, immer sichtbarer Stern. [1, 2]

2.1.1.1 Sternbild: Großer Wagen

Der Große Wagen ist einer der markantesten Sternbilder am Himmel, deshalb ist es auch sehr einfach ihn zu finden. Um von diesem Sternbild den Polarstern zu bestimmen, nimmt man den Abstand der beiden hinteren Sterne, also der Hinterachse, und verlängert diese um das Fünffache. Der Große Wagen verändert im Gegensatz zum Polaris seine Position im Laufe des Jahres und einer Nacht. In der Nacht bewegt er sich gegen den Uhrzeigersinn um eine halbe Drehung um den Nordstern herum. Im Laufe der verschiedenen Jahreszeiten findet man ihn im Frühling in der Nähe des Zenits, im Sommer im Nordwesten, im Herbst im Norden und im Winter im Nordosten. Der Grund für diese Bewegungen ist die Eigenrotation der Erde für die tägliche Veränderung, und für die jahreszeitlichen Veränderungen ist diejährliche Wanderung um die Sonne verantwortlich.[2]

---

[1] vgl.: Gooley, Der natürliche Kompass, S.132
[2] vgl.: Dunlop, Tirion, Der Komos Sternführer, S.30ff

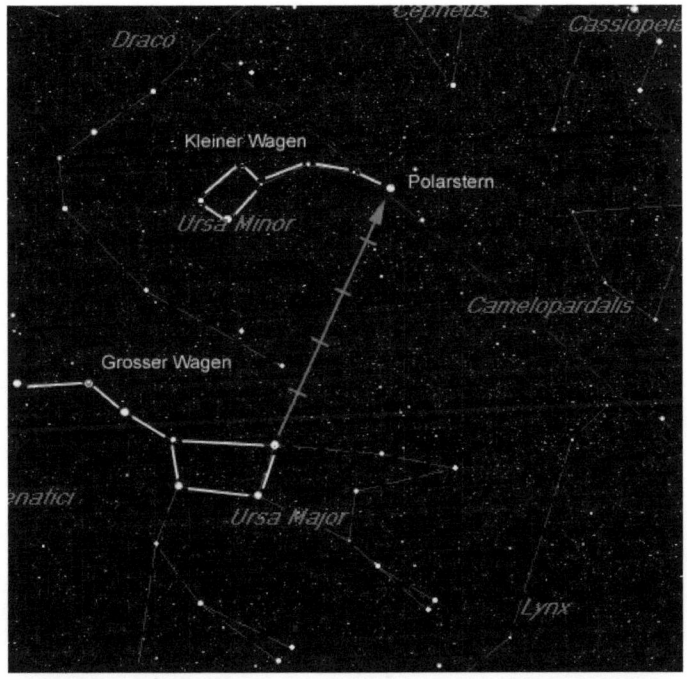

(http://www.jurasternwarte.ch/amhimmel/sternenhimmel/polarstern.jpg)

2.1.1.2 Sternbild: Kassiopeia

Ein andere Möglichkeit Norden zu bestimmen, ist das Sternbild Kassiopeia zu Hilfe zu nehmen. Kassiopeia besteht aus fünf Sternen, die ein W oder ein M formen. Nun zieht man eine imaginäre Linie zwischen dem Anfang und dem Ende des W's. Danach fällt man auf dem ersten Stern des W's ein Lot und dieses verlängert man um das Zweifache der gedachten Linie zwischen den zwei Spitzen des W's. Hier befindet sich der Polarstern. Das Sternbild Kassiopeia bewegt sich ebenfalls gegen den Uhrzeigersinn um den Himmelspol.[1, 2]

---

[1] vgl.: Dunlop, Tirion, Der Komos Sternführer, S.33
[2] vgl.: Regal, Trailfinder, S.64

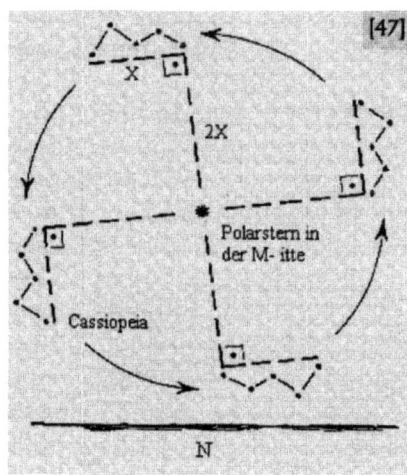

(Regal, Wolfgang, Trailfinder, S.65)

2.1.1.3 Orientierung am Quadrat des Pegasus

Im Herbst kann man sich mit dem Quadrat des Pegasus am Nachthimmel orientieren. Dieses liegt unterhalb des Sternbildes Kassiopeia. Um es leichter zu finden, sieht man das Sternbild Quadrat des Pegasus in Verbindung mit dem Sternbild Andromeda als „Großen Wagen" an. Verlängert man nun die Hinterachse dieses Wagens, die aus den Sternen Markab und Scheat besteht um das Fünffache, so findet man den Polarstern. Man muss wissen, dass Scheat der Stern ist, auf dessen Linie sich auch der VerbindungssternSirrah zwischen den beiden oben genannten Sternbildern befindet.[1, 2]

---

[1] vgl.: Regal, Trailfinder, S.65
[2] vgl.: ajoma, Jahreszeitliche Orientierung, 04.10.2013

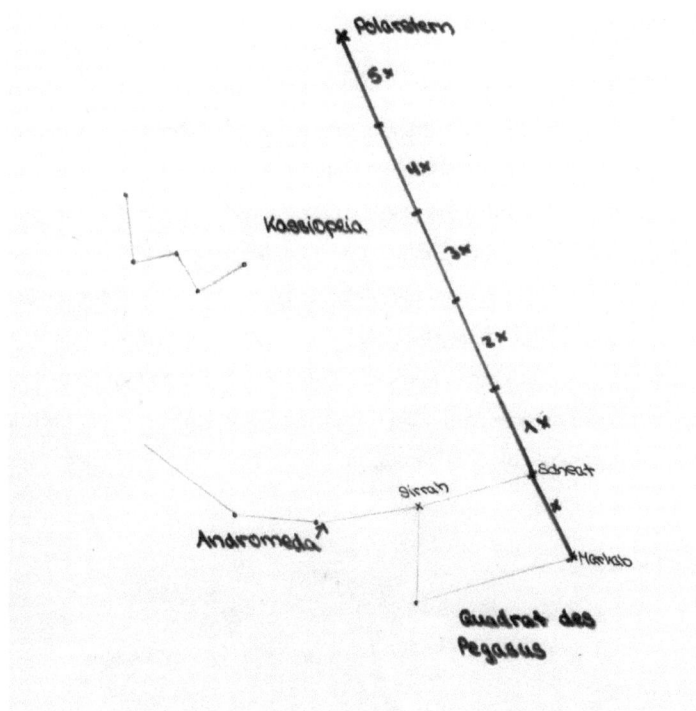

2.1.2 Orientierung an den Zenitsternen

Ein Zenitstern ist der Stern, der sich direkt über dem Beobachter befindet. Die Orientierung nach den Zenitsternen ist sehr einfach. Man muss lediglich einen Stern am Zenit genau beobachten und dessen Bewegungsrichtung feststellen. In dieser Richtung liegt Westen. „Infolge der Erdrotation von West nach Ost scheint sich das Himmelsgewölbe innerhalb eines Tages einmal von Ost nach West zu drehen."[1]Dies ist der Grund für die Bewegungsrichtung der Sterne.[2]

---

[1] Dunlop, Tirion, Der Kosmos Sternführer, S.11
[2] vgl.: Regal, Trailfinder, S.73

2.1.3 Orientierung am Orion

Am Orion, welcher aus sieben Sternen besteht, kann man sich vor allem in den Wintermonaten orientieren. Die drei mittleren, sehr hellen Sterne bilden eine Linie. In dieser Konstellation gibt es keine anderen Sternbilder mehr und bietet somit eine gute Orientierungshilfe am Nachthimmel. Diese Sterne heißen auch Gürtelsterne, der rechte liegt immer auf dem Himmelsäquator. Der Aufgangspunkt des Sternbildes liegt im Osten. Zu diesem Zeitpunkt können die Gürtelsterne in ein E eingeschrieben werden. Der Untergangspunkt liegt im Westen, hier können die drei Sterne in ein W eingeschrieben werden. Mit der kleinen Merkhilfe, Osten im Englischen East (E) und Westen (W) ist es leichter zu merken. Wenn die Gürtelsterne fast senkrecht zum Horizont liegen, zeigen sie annähernd die Südrichtung an.[1]

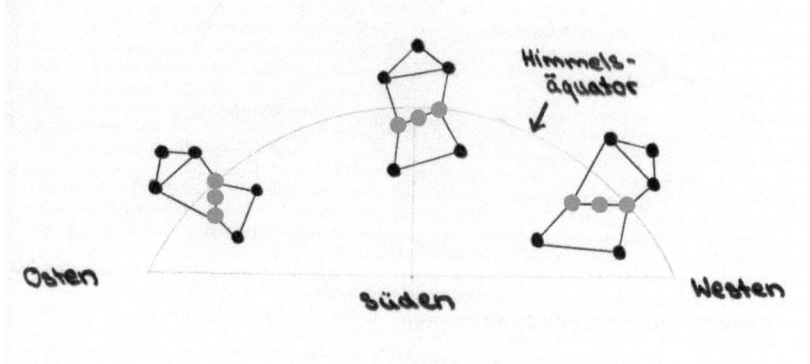

---

[1] vgl.: Regal, Trailfinder, S.68f

2.1.4 Orientierung am Großen Sommerdreieck

Wie der Name des Sternbildes schon sagt, findet man dieses nur im Sommer am Nachthimmel. Das Große Sommerdreieck setzt sich aus drei sehr hellen Sternen aus drei verschiedenen Sternbildern zusammen: „Deneb im Sternbild Schwan, Wega in der Leier und Atair im Sternbild Adler."[1] Aufgrund der Helligkeit der Sterne findet man sie bei jeder Wetterlage am Himmel. Diese drei Sterne zusammen bilden das sogenannte Große Sommerdreieck. Die Linie von Wega (Westen) zum Stern Deneb (Osten) zeigt in Richtung Ost-West, dies stimmt aber nur in den Fällen an denen das Dreieck im Zenit steht. Wenn die Winkelhalbierende des spitzen Winkels senkrecht zum Horizont steht, kann man die Nord-Süd-Richtung bestimmen.[2]

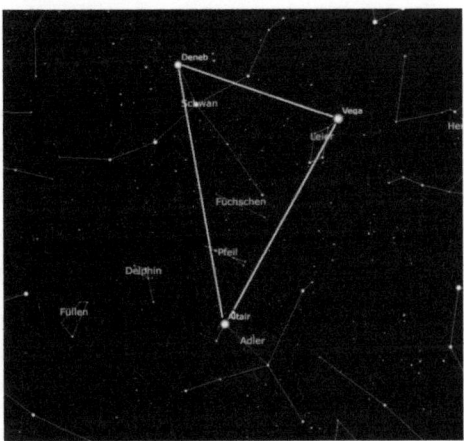

(http://www.leifiphysik.de/sites/default/files/medien/Orientierung_am_Nachthimmel_Sommerdreieck.
jpg)

---

[1] Regal, Trailfinder, S.66
[2] vgl.: Regal, Trailfinder, S.66

2.2 Orientierung am Mond

2.2.1 Das Zwölftelverfahren

Mit dem Zwölftelverfahren anhand des Mondes kann man Süden bestimmen. Als ersten Schritt schätzt man die relative Größe des Mondes. Die relative Größe wird mit einem Bruch ausgedrückt, wobei 12 der Nenner und der von der Sonne nicht beleuchtete Teil des Mondes der Zähler ist (siehe Bild). Je nachdem ob der Mond zunimmt, bei einem zunehmenden Mond ist die runde Seite nach rechts gewandt, oder abnimmt, zieht man den Zähler des Bruches von der jetzigen Uhrzeit ab oder man zählt ihn dazu. Der errechnete Wert ist die Zeit, an der die Sonne während des Tages dort stehen würde, wo der Mond aktuell steht. Während der Sommerzeit verschiebt sich die errechnete Uhrzeit um eine Stunde nach hinten. Um nun Süden zu bestimmen, wendet man die Uhrenmethode an: man richtet sozusagen den Stundenzeiger der berechneten Zeit einer analogen Uhr auf den Mond. In der Winkelhalbierenden zwischen 12:00 Uhr und dem Stundenzeiger liegt Süden. Süden liegt deshalb in der Winkelhalbierenden, da wir eine 12 Stunden-Uhr haben und unsere Erde sich aber in 24 Stunden einmal um sich selbst dreht. Hätten wir eine 24 Stunden-Uhr wäre Süden immer in der Richtung der Ziffer 12. Diese einfache Uhrenmethode kann man auch am Tag mit Hilfe der Sonne anwenden, indem man den Stundenzeiger auf die Sonne richtet und wieder in der Winkelhalbierenden zwischen 12:00 Uhr und dem Zeiger liegt Süden.

Die Erklärung für dieses Verfahren ist Folgende: Man weiß, dass ein Mond ca. 30 Tage braucht um einmal die Erde zu umrunden, deswegen legt er pro Tag 12° zurück (360°/30 Tage). Überträgt man dies auf die halbe Wanderung um die Erde, legt er in ca. 15 Tagen je 12° zurück. Dies ist der Grund wieso man einen Mond in Zwölftel einteilt. Man schaut sich deshalb nur 180° der Wanderung um die Erde an, da er die ersten 15 Tage bis zum Vollmond zunimmt und dann bis zum Neumond wieder abnimmt. [1,2,3]

---

[1] vgl.: tippscout, Himmelsrichtung mit Mond feststellen, 10.09.2013
[2] vgl.: tippscout, So finden Sie die Himmelsrichtungen mit Hilfe einer Uhr heraus, 10.09.2013
[3] vgl.: Gooley, Der natürliche Kompass, S.165

Beispiel:

Es ist 3 Uhr morgens. Wir nehmen an, der Mond ist noch nicht ganz von rechts beleuchtet (=> zunehmender Mond), wir schätzen den Mond in 11/12 ein. Somit müssen
wir 3 Uhr minus 11 rechnen, dies ergibt 16 Uhr. Nun müssen wir nur noch die Uhrenmethode anwenden und erschließen daraus, dass Süden in Richtung 2 Uhr liegt.

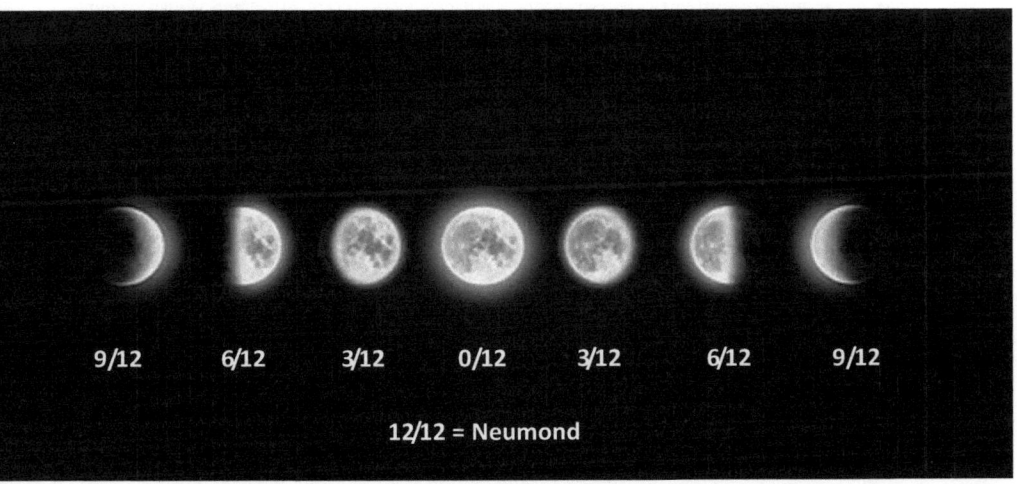

(http://www.sternzeichen.net/files/2012/04/Mondkalender-2011-2.jpg)

2.2.2 Das Gegenpunktverfahren

Das Gegenpunktverfahren ist mit Hilfe des Mondes anzuwenden um den Stand der fik-
tiven Sonne zu finden, um darauf die Uhrenmethode anzuwenden. „Bei diesem Verfahren wird zuerst aus dem Winkelabstand des Mondes zur Sonne der Standpunkt der
Sonne unter dem Horizont geschätzt."[1] (siehe Tabelle)

Mondphase	12/12	9/12	6/12	3/12	0/12	3/12	6/12	9/12
Winkelabstand zur Sonne	0°	45°	90°	135°	180°	135°	90°	45°

---

[1] Regal, Trailfinder, S.51

Am besten nimmt man seine Arme zur Hilfe. Man zeigt mit dem linken Arm auf den Mond und schwenkt diesen dann um den geschätzten Winkelabstand Richtung Sonne. Die Richtung der Sonne ist die Richtung aus der der Mond beschienen wird. Nun streckt man den rechten Arm aus und hat somit den Gegenpunkt in 180° Abstand von der Sonne gefunden. Dies ist die fiktive Sonne. Jetzt wendet man die im Zwölftelverfahren erklärte Uhrenmethode auf diese Sonne an. Auf diese Weise findet man die Himmelsrichtung Süden.[1]

2.2.3 Mondphasenorientierung

Diese Methode um Süden zu bestimmen ist meiner Meinung nach sehr kompliziert und kann zu großen Abweichungen führen. Als ersten Schritt muss man die Mondphase schätzen (siehe 2.2.2). Nun kann man aus der mitgelieferten Tabelle (S.15) die Uhrzeit ablesen, wann der Mond seine Kulmination, also seine Südstellung, erreicht. Danach berechnet man die Differenz der aus der Tabelle entnommenen und jetzigen Uhrzeit. Dieser Wert wird mit 15° multipliziert, da jeder Himmelskörper in einer Stunde um 15° weiter wandert. Genau um dieses Produkt muss man von der jetzigen Position des Mondes nach rechts gehen, dort befindet sich Süden.

Da dieses Verfahren sehr schwierig ist, möchte ich es kurz an einem Beispiel erläutern:
1. Es ist 4 Uhr morgens, wir stellen fest, dass wir einen abnehmenden 45° - Mond am Himmel stehen haben.
2. Aus der Tabelle kann man ablesen, dass der Mond seine Kulmination um 9 Uhr erreicht.
3. Da es erst 4 Uhr ist, braucht der Mond noch 5 Stunden bis er seine Südstellung erreicht hat.
4. 4 Stunden multipliziert mit   15° ergibt 75°. Diese 75° nach rechts vom Mond, zeigt die Himmelsrichtung Süden an.

---

[1] vgl.: Regal, Trailfinder, S.51f

Zunehmender Mond							
Winkelabstand	30°	45°	60°	90°	120°	150°	180°
Stunden	2	3	4	6	8	10	12
Südstellung	14:00	15:00	16:00	18:00	20:00	22:00	24:00

Abnehmender Mond							
Winkelabstand	180°	150°	120°	90°	60°	45°	30°
Stunden	12	10	8	6	4	3	2
Südstellung	00:00	02:00	04:00	06:00	08:00	09:00	10:00

Erklärung zur Tabelle:

Da man die Tabelle nicht immer zur Hand hat, ist es nützlich, wenn man sie sich selber errechnen kann. Man bildet den Quotienten aus der geschätzten Mondphase (in Grad) und 15°. Das Ergebnis zieht man nun von der Zeit, an der die Sonne ihren Höchststand erreichen wird (einfachhalber 12:00 Uhr), ab, dies ist dann die Uhrzeit an der der Mond seine Südstellung erreicht. Diese Erklärung gilt bei einem abnehmenden Mond. Bei einem zunehmenden Mond muss man den Quotienten addieren.[1]

2.3 Orientierung an der Sonne

2.3.1 Indische Kreise

Um die Himmelsrichtungen mit Hilfe der Indischen Kreise zu bestimmen, sollte man zunächst wieder einen Stab möglichst senkrecht in den Boden stecken. Nun zieht man einen Kreis um den Stab, der das Ende der Schattenspitze berührt. Die Voraussetzung für diese Bestimmung ist, dass man eine bestimmte Zeit vor und genau die gleiche Zeit nach dem Sonnenhöchststand benötigt.

---

[1] vgl.: Regal, Trailfinder, S.53ff

Der Grund hierfür ist, dass die Schattenspitze durch den Sonnenverlauf den Kreis zweimal schneidet. Eine Erklärung für dieses Phänomen ist, da die Erde sich von Westen nach Osten um ihre eigene Erdachse dreht, deshalbfallen die Sonnenstrahlen eine bestimmte Zeit vor und nach dem Sonnenhöchststand im gleichen Winkel auf die Erde ein. Man markiert die zwei Momente an denen die Schattenspitzen den Kreis schneiden. Nun zieht man eine Strecke zwischen den Markierungen und halbiert sie. Diese Senkrechte zeigt die Nord-Süd Richtung an. Der erste Berührungspunkt zeigt die westliche Himmelsrichtung an, welches sich durch die Eigenrotation der Erde ergibt. [1, 2]

2.3.2 Methode des kürzesten Schattens

Eine andere Methode um Norden zu bestimmen, ist die Methode des kürzesten Schattens, hierfür habe ich einen Versuch durchgeführt. Ich habe in meinem Garten in den Boden einen Stock gesteckt, ab 11 Uhr habe ich alle halbe Stunde die Schattenspitzen markiert. Nach einer Weile habe ich festgestellt, dass der Schatten immer kürzer wurde, dies hat etwas mit dem Sonnenstand zu tun. Nachdem die Schatten wieder länger wurden, habe ich mir die Markierung des kürzesten Schattens gesucht, das war am 1.August 2013 um 13:18 Uhr, da die Sonne zu diesem Zeitpunkt ihren Höchststand erreicht hat. Von dieser Markierung habe ich eine Linie zum Stock gezogen. Diese Linie (Meridian) vom Stock zur Markierung weist nach Norden. Das habe ich sowohl mit einem Kompass, als auch mit einem Bauplan unseres Hauses überprüft.

Der Schatten ist am Sonnenhöchststand deshalb am kürzesten, da der Einfallswinkel der Sonnenstrahlen zu diesem Zeitpunkt am kleinsten ist. Somit haben die Sonnenstrahlen die kürzeste Strecke zur Erdoberfläche zurückgelegt. [3]

[1] vgl.: Amateurfunkpfeilen & Orientierungslauf, Orientieren ohne Kompaß, 08.09.2013
[2] vgl.: Regal, Trailfinder, S.31f
[3] vgl.: Regal, Trailfinder, S.30f

 11 Uhr: erste Markierung (gelb)	 11.30 Uhr: zweite Markierung (blau)
 13.18 Uhr: kürzeste Markierung (rot-blau) weist nach Norden	 13.30 Uhr: Markierung augenscheinlich länger (blau-gelb)

14.00 Uhr: Markierung viel länger (weißschwarz)

2.3.3 Schattenspitzenmethode nach Owendoff

Zur Durchführung dieser Methode ist es ebenfallsnötigeinen Stab in den Boden zu stecken. DasSchattenende des Stabes markiert man und wartet 10 Minuten. In dieser Zeit wandert der Schatten weiter, nach 10 Minuten markiert man erneut die Schattenspitze. „Jetzt zieht man eine gerade Linie von der ersten Markierung zur zweiten Markierung." [1] Die erste Markierung zeigt Westen an und die Zweite in Richtung Osten.

Es ist sehr sinnvoll sich diese Methode zu merken, da sie sehr leicht zu behalten ist. Sie hat außerdem den Vorteil, dass sie schnell durchzuführen ist und ziemlich genaue Ergebnisse, während des ganzen Jahres, liefert. [2]

---

[1] Regal, Trailfinder, S.40
[2] vgl.: Wikibooks, Orientierung im Gelände, 10.10.2013

3. Orientierung anhand der Natur

3.1 Orientierung an Pflanzen

Um sich an der Natur orientieren zu können, sollte man sich mit den lokalenBeschaffenheiten, also der Wetterlage und den Eigenheiten bestimmter Pflanzen auskennen. Darum sollte man sehr vorsichtig mit der Interpretation der Ergebnisse sein.

3.1.1 Kompasspflanzen

Kompasspflanzen sind jene Pflanzen, die ihre Blätter in Nord-Süd-Richtung ausrichten. Diese Pflanzen findet man hauptsächlich an stark besonnten Stellen, somit kann die Pflanze das volle Sonnenlicht ausnutzen. Die Bekanntesten darunter sind die Kompasspflanzen, der Stachellattich, der Barrel Kaktus, der Rainfarn und die Goldhaaraster. Der Stachellattich stellt seine Blätter senkrecht, somit ist die Breitseite der Blätter nach Osten und Westen gerichtet und die Kanten in die Nord-Süd-Richtung. Er stellt sie deshalb senkrecht, da er dadurch weniger Wasser in der Mittagszeit verbraucht. Der Barrel Kaktus, auch „Kompass-Kaktus" genannt, richtet sich nach Süden aus. Der Grund hierfür ist nicht genau erforscht. Eine mögliche Erklärung ist die mangelnde Wasserzufuhr auf der südlichen Seite durch die große Hitze. [1, 2, 3]

3.1.2 Bäume

An Bäumen kann man sich orientieren, indem man auf den Bewuchs achtet. Am besten ist es, wenn man sich einen freistehenden Baum sucht. Auf der südlichen Seite, an

---

[1] vgl.: Naturgate, Kompasslattich, 06.09.2013
[2] vgl.: Regal, Trailfinder, S.79
[3] vgl.: Wikipedia, Kompasspflanzen, 06.09.2013

der die Sonneneinstrahlung am höchsten ist, kann man oftmals einen dichteren Bewuchs der Baumkrone feststellen. Zudem werden auf dieser Seite auch die Früchte früher reif.

Oftmals kann man auch beobachten, dass der ganze Baum eine Neigung in Richtung Osten hat. Der Grund hierfür ist, dass der bei uns vorherrschende Wind aus Richtung Westen kommt. Da auch der Regen aus Westen kommt und somit die Äste und der Baumstamm viel langsamer abtrocknen, kann man auf der Wetterseite häufig einen Moos-und Flechtenbewuchs feststellen. Auch gefällte Bäume kann man zur Bestimmung der Himmelsrichtung benutzen. Man hat festgestellt, dass die Jahresringe nach Süden hin etwas breiter werden und sich somit das Zentrum nach Norden verschiebt. Dies erklärt sich mit der starken Einstrahlung der Sonne aus dem Süden.[1, 2]

Hier gut zu sehen: Die Seite des Baumes, die in Richtung Süden zeigt, besitzt noch mehr Blätter.

(selbst aufgenommenes Foto)

[1] vgl.: Gooley, Der natürliche Kompass, S.64ff
[2] vgl.: GEO, Wetter als Wegweiser, 12.09.2013

3.1.3 Die Blumenuhr

Der Botaniker Carl von Linné hat 1745 beobachtet, dass jede Pflanze ihre Blüte zu einer bestimmten Uhrzeit öffnet und schließt. Der Grund dafür ist, dass die Insekten zu jeder Uhrzeit Pflanzen bestäuben können und sie nicht alle gleichzeitig auf Futtersuche gehen müssen. Außerdem sparen die Pflanzen Energie, indem sie sich auf ihre Bestäuber abstimmen. Carl von Linné kam somit auf die Idee eine Blumenuhr zu entwickeln, er legte Beete in Form einer Uhr mit 12 Unterteilungen an und bepflanzte sie nach den Öffnungszeiten der Blüten verschiedener Pflanzen.Im Ein-Uhr-Feld sind Pflanzen, die ihre Blüte um 13:00 Uhr oder 1:00 Uhr öffnen usw. Anhand dieser Entdeckungen können wir unterwegs an Pflanzen die Uhrzeit ablesen, z.B. morgens um 5:00 Uhr öffnet sich die Kürbisblüte, die sich um 15:00 Uhr wieder schließt, um 12:00 Uhr öffnet sich die Mittagsblume und um 20:00 Uhr die Nachtkerze. Natürlich ist diese Uhr abhängig von der Jahreszeit oder von regionalen Besonderheiten, wie z.B. dem Hell-Dunkel-Rhythmus, an den sich die Pflanzen angepasst haben. Durch diese Umstände kann die Uhrzeit sehr ungenau werden.[1]

(http://img.geocaching.com/cache/large/49ab1bda-2982-4034-8393-9b7064b8d19f.jpg)

---

[1] vgl.: Mein schöner Garten, Die Blumenuhr – jede Blüte zu ihrer Zeit, 01.09.2013

3.2 Orientierung in Ortschaften

Man kann sich in Ortschaften an kirchlichen Einrichtungen, Wohnanlagen und Sportanlagen orientieren. In der heutigen Zeit wird auf engsten Raum gebaut, deshalb ist es
nicht immer möglich sich auf diese Orientierungshilfen zu verlassen. An Häusern kann
man sich an der Wetterseite orientieren. Diese Seite zeigt nach Westen und weist oftmals Verwitterung, Korrosionen, Moos- und Algenbewuchs auf. Diese Veränderungen
zeigen sich auf der Westseite, da der Sonnenverlauf von Osten nach Westen erfolgt
und somit der Regen nicht so schnell abtrocknen kann.

(links Hauswand, die in Richtung Westen zeigt, rechts gegenüberliegende Hauswand in
Richtung Osten)(selbst aufgenommene Fotos)

Ich habe auch festgestellt, dass die meisten unserer Gärten nach Süden bzw. Westen
ausgerichtet sind. Ein Grund dafür könnte sein, dass die Bewohner für sich und ihre
Pflanzen viel Sonne abbekommen, außerdem heizt sie Wohnräume auf, was Energie-
kosten spart. Es ist auch möglich sich nach Satellitenschüsseln zu richten, dazu ist es
nötig zu wissen an welcher Stelle sich der zu empfangende Satellit befindet, da dies in
jedem Land unterschiedlich ist. In Deutschland wollen wir normalerweise den „Astra-
Satelliten" empfangen,deshalb müssen wir die Satellitenantenne in Richtung Süden
bzw. Südsüdosten montieren.

Auch an christlichen Einrichtungen, wie die Apsis und Gräber, die meist östlich liegen, kann man sich orientieren. Einerseits hat dies religiöse Gründe, z.B.„damit die Toten beim letzten Posaunenschall bereit sind." [1]Andererseits hat es etwas mit dem einfallenden Sonnenlicht der aufgehenden Sonne im Osten zu tun, damit der Frühgottesdienst im Morgenlicht erfolgt. Jüdische Gedenkstätten zeigen ebenfalls nach Osten, da in dieser Richtung Jerusalem liegt, wo die Ankunft des Messias erwartet wird.

Sprungtürme im Freibad sollen laut einer Empfehlung der EU alle nach Norden ausgerichtet sein, um Unfälle durch Sonnenblendung zu vermeiden. Auch Sportanlagen, wie Tennis- oder Fußballplätze sollten eine Nord-Süd-Ausrichtung haben, so werden die Sportler möglichst wenig von der Sonne geblendet. [2, 3]

3.3 Orientierung an Tierbehausungen

Nistkästen für Vögel dienen auch zur Orientierung. Die Tierliebhaber sollten diese in Südost-Richtung aufhängen. Somit ist die Brut gegen das schlechte Wetter geschützt und bekommt viel Sonne ab. Auch Ameisen bauen ihre Hügel in eine bestimmte Himmelsrichtung, nämlich nach Südosten, um morgens möglichst viel Sonnenwärme zu erhalten.[4]

3.4 Orientierung am Wetter

Die verschiedenen Wetterlagen können auch eine Hilfe zur Orientierung sein. Man sollte auch hier wieder vorsichtig mit den Ergebnissen sein, da es wenn mehrere Wetterlagen zusammenspielen, Fehler in den Ergebnissen geben kann. Zum einen kann

---

[1]Gooley, Der natürliche Kompass, S.79
[2] vgl.: Gooley, Der natürliche Kompass, S.77ff
[3] vgl.: P.M. Fragen und Antworten, Wo sind die schönsten Freibäder, S.6
[4]vgl.: Amateurfunkpfeilen & Orientierungslauf, Orientieren ohne Kompaß, 06.09.2013

man sich am Regenfall orientieren, der hauptsächlich aus westlicher Richtung kommt. Zum anderen auch am schmelzenden Schnee, der die Sonnenseite im Süden markiert.

Es ist bekannt, dass der Wind hauptsächlich aus Richtung Westen weht. Eine sicherere Methode wäre es aber an einem Wetterhahn die Himmelsrichtung zu bestimmen.

Im Osten geht die Sonne auf, im Süden nimmt sie ihren Lauf, im Westen wird sie untergehen, im Norden ist sie nie zu sehen. Doch auf diesen Spruch können wir uns eigentlich nur am 21. März, dem Frühlingsanfang und dem 23. September, dem Herbstanfang verlassen. Zwischen dem 23. September und dem 21. Dezember verschiebt sich der Auf- und Untergangspunkt der Sonne in Richtung Süden. Ab dem 21. Dezember bewegen sich die Punkte kontinuierlich weiter in Richtung Osten, bis zum Tag des Frühlingsanfangs. Zwischen diesem Tag und dem 21. Juni verlagert sich der Sonnenaufgang nach Nordosten. Die Untergangspunkte verschieben sich entgegengesetzt. Danach wandert er wieder in Richtung Osten bis zum 23. September zurück. Wie weit sich die Auf-und Untergangspunkte verschieben, hängt immer vom Breitengrad des Beobachters ab.[1]

---

[1] vgl.: Regal, Trailfinder, S.22f

4. Orientierung der Naturvölker

Nicht alle Völker haben die Möglichkeit eine technische Zeitmessung zu verwenden, deshalb haben sie sich neben den Himmelskörpern und der Natur auch eigene Hilfen ausgedacht.

Die Aborigines glauben an die Regenbogenschlange durch die Australien mit ihren Flüssen und Bergen erschaffen wurde. Sie singen deshalb Lieder, die den Reiseweg der Schlange beschreibt. Diese Lieder beinhalten Orientierungspunkte wie Bäume, Wasserlöcher, Naturphänomene, Felsen und Tiere, denen bestimmte Namen zugeordnet wurden. Durch die Reihenfolge der genannten Punkte in einem Lied gelangt jeder Ureinwohner an sein Ziel.

Viele Naturvölker entzündeten Feuer, damit man sie aus der Ferne sehen und sich daran orientieren konnte.

Die Mursi aus Äthiopien verwenden eine einfache Zeitmessung. Sie binden Knoten in eine Schnur, welche die Tage zwischen einer Aussaat und der Ernte markieren. [1, 2]

---

[1] vgl.: Gooley, Der natürliche Kompass, S.41, S.45, S.50
[2] vgl.: Downunder-dago, Traumpfade, 13.10.2013

5. Universalität der verschiedenen Regeln

5.1 Standort: Südhalbkugel

Viele der kennengelernten Regeln kann man auch auf der Südhalbkugel anwenden. Doch muss man wissen, dass man sie mit einigen Änderungen benutzen muss. Zum einen wandert die Sonne auf der südlichen Hemisphäre von rechts nach links, d.h. sie geht auch im Osten auf und im Westen unter, aber erreicht ihre Kulmination im Norden. Somit ist die Sonneneinstrahlung auf der nördlichen Seite am stärksten. Dies muss man zum Beispiel bei der Orientierung an Bäumen oder bei der Navigation mit Hilfe der Indischen Kreise beachten. Die Uhrenmethode funktioniert auch anders. Auf der Südhalbkugel muss man nicht den kleinen Zeiger der Uhr auf die Sonne richten, sondern die 12 des Ziffernblattes. Die Winkelhalbierende zwischen der 12 und dem kleinen Zeiger zeigt in Richtung Norden.

Die Tierart Kompass-Termiten, welche zur Klasse der Insekten gehört, errichten ihre Bauten so, dass wir uns hervorragend und sicher an ihnen orientieren können. Diese Art kommt aber nur in den tropischen Gebieten Australiens vor. Die Termiten richten ihre Bauten in Nord-Süd-Richtung aus, wobei diese Seiten schmal nach oben und spitz verlaufen. Die westliche und östliche Seite hingegen ist breit und flach. Der Bau ist an die am besten zu ertragenden Temperaturen angepasst. Die Insekten können am Morgen auf die östliche und am Abend auf die westliche Seite wandern. Die starke Mittagssonne hingegen trifft nur auf eine kleine Fläche auf.

dphasen in umgekehrter Reihenfolge anzuschauen.

kugel Vollmond ist, ist auf der südlichen Hemisphäre Neumond. Also ist ein zunehmender Mond von der linken Seite beleuchtet. Aufgrund der Erdrotation um die Sonne sind natürlich auch die Jahreszeiten auf der Südhalbkugel genau umgekehrt.

Auch die verschiedenen Sternbilder tauchen in entgegengesetzter Jahreszeit auf. Ein Beispiel ist das Sternbild Orion, welches bei uns im Winter und auf der Südhalbkugel im Sommer zu sehen ist.

Auch die Bewohner der Südhalbkugel können sich anhand der Sterne orientieren. Sie müssen dafür nur das Kreuz des Südens finden und dessen große Achse (auf der langen Seite) um 4,5-mal verlängern. Dort ist der Himmelssüdpol. Am südlichen Nachthimmel sind aber zwei Kreuze zu sehen, deswegen orientiert man sich mit Hilfe des Sternbildes Zentaur. Die zwei hellsten Sterne von diesem, die zusammen auch „Zeiger" genannt werden, zeigen auf das Sternbild „Kreuz des Südens".[1, 2, 3]

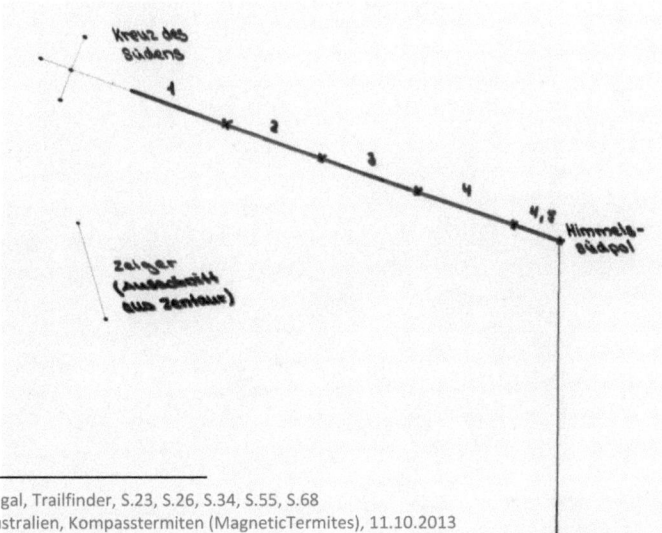

[1] vgl.: Regal, Trailfinder, S.23, S.26, S.34, S.55, S.68
[2] vgl.: Australien, Kompasstermiten (MagneticTermites), 11.10.2013
[3] vgl.: Gooley, Der natürliche Kompass, S.137ff

5.2 Standort: Äquator

Auf dem Äquator gelten meist völlig andere Regeln oder sie sind nicht anwendbar. Die Orientierung am Mond ist nicht möglich, da die Bahn der Sonne zu steil ist. Die Folge ist, dass es ungewöhnliche Mondphasen gibt.

Während eines Jahres kann man sowohl die Sternbilder der Nordhalbkugel, als auch die der südlichen Hemisphäre sehen. Man hat somit mehr Möglichkeiten seine Himmelsrichtung zu bestimmen.

Der Schattenwurf der Sonne zeigt den ganzen Tag ungefähr in Richtung Osten. [1,2]

---

[1] vgl.: Regal, Trailfinder, S.33, S.55

[2] vgl.: Astronomie-Tagebuch, Orientierung am Himmel, 11.10.2013

Entwicklung der Orientierung des Menschen in der Natur

Die Orientierung des Menschen in der Natur hat sich in den letzten Jahrtausenden stark verändert. In der früheren Zeit, als es keine andere Möglichkeit gab, haben sich die Menschen nur an der Natur orientiert. Dafür haben sie sich die in meiner Seminararbeit beschriebenen Methoden angeeignet. Der Kompass, so wie wir ihn heute benutzen, wurde in Europa im 16. Jahrhundert zum ersten Mal verwendet. Natürlich wurden auch noch andere historische Navigationsgeräte, wie der Sextant oder der Oktant, entwickelt. Später wurden die ersten Wegweiser und Ortsschilder errichtet. Seit Anfang des 18. Jahrhundert gibt es die ersten topografischen Karten, nun war es einfacher sich zu orientieren und man musste die Methoden nicht mehr alle beherrschen.Mittlerweileorientiert man sich sehr oft an GPS-Satelliten, deren Signale von GPS-Geräten empfangen werden können. Somit kann man seine exakte Position bestimmen und sich zu seinem Ziel „führen" lassen. In Zukunft könnte es sein, dass es keine Ortschilder und Verkehrsschilder mehr geben wird. Jeder wird mit einem GPS-Gerät herumlaufen und sich damit orientieren. Ein Vorteil von diesen Geräten ist, dass man aktuelle Daten hat und sofort über Verkehrsprobleme informiert wird, Nachteile sind, dass die Menschen ihr Naturverständnis und ihren Orientierungssinn verlieren.[1, 2]

---

[1] vgl.: Wikipedia, Topografische Karte, 01.11.2013
[2] vgl.: Paradisi, Die Geschichte des Kompasses, 01.11.2013

Quellenverzeichnis:

Bücher:

- Dunlop, Storm und Tirion, Wil: Der Kosmos Sternführer. Schritt für Schritt den Sternenhimmel entdecken, Stuttgart 2012, Franckh-Kosmos Verlag

- Gooley, Tristan: Der natürliche Kompass. Mit allen Sinnen unterwegs, München 2011, Piper Verlag

- Regal, Wolfgang: Outdoor. Trailfinder. Orientierung ohne Kompass und GPS, Welver 2006, Conrad Stein Verlag

Zeitschrift:

- Kaufmann, Katrin: Wo sind die schönsten Freibäder? In: P.M. Fragen & Antworten, 8/2013, S.6f

Internet:

- Amateurfunkpeilen & Orientierungslauf: Orientierung ohne Kompass. http://www.ardf-ol.de/kompass/Kompass4.htm, (Stand: 08.09.2013)

- Astronomie-Tagebuch, Orientierung am Himmel. http://www.astronomie-tagebuch.de/orientierung.php, (Stand: 11.10.2013)

- Boroditsky, Lera, znex: Ein paar Gedanken und Bemerkungen zum Thema: Orientierung. http://www.znex.de/orientierung.html, (Stand: 06.09.2013)

- GEO: Orientieren in der Natur - die Waldläufertricks. Wetter als Wegweiser. http://www.geo.de/GEOlino/kreativ/zeitvertreib/orientieren-in-der-natur-die-waldlaeufertricks-983.html?p=2, (Stand: 12.09.2013)

- Mayer, Toni: Jahreszeitliche Orientierung.http://www.ajoma.de/html/jahreszeitliche_orientierung.html, (Stand: 04.10.2013)

- NaturGate: Kompasslattich.http://www.luontoportti.com/suomi/de/kukkakasvit/kompasslattich, (Stand: 06.09.2013)

- paradisi, das wohlfühlparadies: Die Geschichte des Kompasses. http://www.paradisi.de/Fitness_und_Sport/Accessoires/Kompasse/Artikel/18463.php, (Stand: 01.11.2013)

- scinexx: Warum wir im Kreis laufen, Erst äußere Orientierungshilfen ermöglichen geradeaus Laufen. http://www.scinexx.de/wissen-aktuell-10384-2009-08-21.html, (Stand: 14.10.2013)

- SPIEGEL ONLINE: Orientierungsvermögen: Verirrte laufen immer im Kreis. http://www.spiegel.de/wissenschaft/mensch/orientierungsvermoegen-verirrte-laufen-immer-im-kreis-a-644189.html, (Stand: 14.10.2013)

- Thiele, Hans: Kompasstermiten (MagneticTermites). http://www.hansthiele.de/australia/northern%20territory/nt-bild-04.htm, (Stand: 11.10.2013)

- Tippscout: Himmelsrichtung mit Mond feststellen. http://www.tippscout.de/himmelsrichtung-mit-mond-feststellen_tipp_2827.html, (Stand: 10.09.2013)

- Tippscout: So finden Sie die Himmelsrichtungen mit Hilfe einer Uhr heraus. http://www.tippscout.de/himmelsrichtung-mit-der-uhr-bestimmen_tipp_574.html, (Stand: 10.09.2013)

- Tischendorf, Dieter, Traumpfade. http://www.downunder-dago.de/113/Allgemeine-Informationen/Traumpfade.html (Stand: 13.10.2013)

- Tu-Mai, Pham-Huu: Mein schöner Garten, Die Blumenuhr – jede Blüte zu ihrer Zeit. http://www.mein-schoener-garten.de/de/service/die-blumenuhr-jede-bluete-zu-ihrer-zeit-12219, (Stand: 01.09.2013)

- Wikibooks: Orientierung im Gelände. http://de.wikibooks.org/wiki/Orientierung_im_Gel%C3%A4nde, (Stand: 10.10.2013)

- Wikipedia: Kompasspflanzen. http://de.wikipedia.org/wiki/Kompasspflanzen, (Stand: 06.09.2013)

- Wikipedia: Räumliche Orientierung.http://de.wikipedia.org/wiki/R%C3%A4umliche_Orientierung (Stand: 06.09.2013)

- Wikipedia: Topografische Karte. http://de.wikipedia.org/wiki/Topografische_Karte; (Stand: 01.11.2013)

Bildquellen:

- Bauplan unseres Hauses

- http://img.geocaching.com/cache/large/49ab1bda-2982-4034-8393-9b7064b8d19f.jpg

- http://www.jurasternwarte.ch/amhimmel/sternenhimmel/polarstern.jpg

- http://www.leifiphysik.de/sites/default/files/medien/Orientierung_am_Nachthimmel_
Sommerdreieck.jpg

- Regal, Wolfgang, Trailfinder, S.65

- http://www.sternzeichen.net/files/2012/04/Mondkalender-2011-2.jpg

- http://www.umdiewelt.de/Australien-und-Ozeanien/Australien/Reisebe-
richt-711/Kapitel-28.html

- http://www.owg-dahn.de/neuehp/wp-
content/uploads/2010/09/Berufsorientierung.jpg (Deckblatt)